SOLUTION GÉNÉRALE DE CE PROBLÈME

REPRÉSENTER LES PARTIES D'UNE SURFACE DONNÉE

SUR UNE AUTRE SURFACE DONNÉE DE TELLE SORTE QUE LA REPRÉSENTATION SOIT SEMBLABLE A L'ORIGINAL DANS LES PARTIES INFINIMENT PETITES

[REPRÉSENTATION CONFORME]

PAR

C.-F. GAUSS

« Ab his via sternitur ad majora »

Traduit par L. LAUGEL

PARIS
LIBRAIRIE SCIENTIFIQUE A. HERMANN & FILS
LIBRAIRES DE S. M. LE ROI DE SUÈDE
6, RUE DE LA SORBONNE, 6

1915

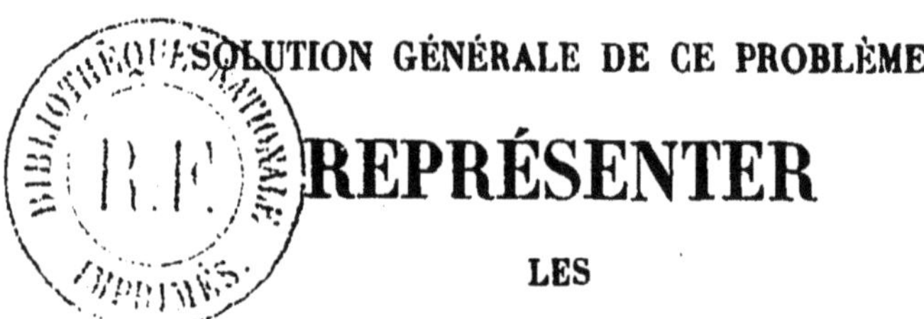

SOLUTION GÉNÉRALE DE CE PROBLÈME

REPRÉSENTER

LES

PARTIES D'UNE SURFACE DONNÉE

SUR UNE AUTRE SURFACE DONNÉE DE TELLE SORTE
QUE LA REPRÉSENTATION SOIT SEMBLABLE A L'ORIGINAL
DANS LES PARTIES INFINIMENT PETITES

[REPRÉSENTATION CONFORME]

SOLUTION GÉNÉRALE DE CE PROBLÈME

REPRÉSENTER
LES
PARTIES D'UNE SURFACE DONNÉE

SUR UNE AUTRE SURFACE DONNÉE
DE TELLE SORTE QUE LA REPRÉSENTATION
SOIT SEMBLABLE A L'ORIGINAL
DANS LES PARTIES INFINIMENT PETITES

[REPRÉSENTATION CONFORME]

PAR

C.-F. GAUSS

« Ab his via sternitur ad majora »

Traduit par L. LAUGEL

PARIS
LIBRAIRIE SCIENTIFIQUE A. HERMANN & FILS
LIBRAIRES DE S. M. LE ROI DE SUÈDE
6, RUE DE LA SORBONNE, 6

1915

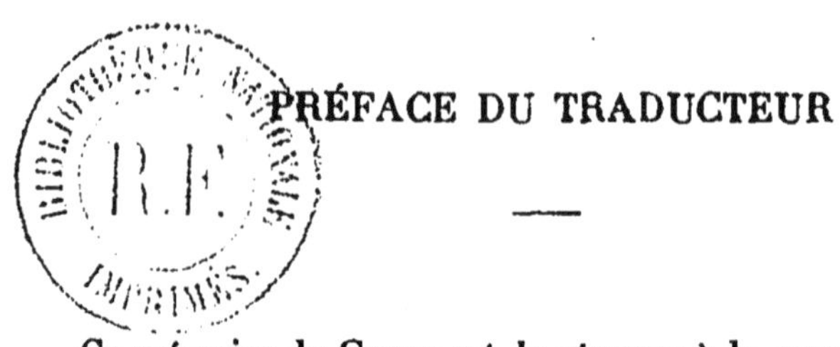

PRÉFACE DU TRADUCTEUR

Ce mémoire de Gauss est la réponse à la question proposée comme sujet de prix par la Société Royale des Sciences de Copenhague en 1822. Publié en 1825 dans les *Astronomische Abhandlungen de Schumacher*, il se trouve dans le tome IV des *Œuvres complètes de Gauss*.

Le sous-titre *représentation conforme*, ajouté par le traducteur au titre original, lui sera peut-être reproché comme étant un anachronisme. Cette expression, aujourd'hui classique, ne fut en effet introduite par Gauss qu'en 1844 dans l'art. I de la première partie de son mémoire sur la Géodésie Supérieure, Tome IV de ses *Œuvres complètes*.

Après les nombreux et illustres géomètres qui ont écrit sur les sujets qui dérivent de ce mémoire, tout commentaire nous est évidemment interdit ; bornons-nous à dire que, dépassant de bien loin le problème tout particulier des cartes géographiques, ce travail joue dans la théorie des fonctions pour ainsi dire le même rôle que le mémoire du même auteur, *Disquisitiones generales circa superficies curvas*, dans la théorie des surfaces. Qu'il nous soit seulement permis d'observer que si Lagrange, dans ses deux célèbres mémoires sur les cartes géographiques (1779) (*Œuvres complètes*, tome IV), parle des travaux de ses prédécesseurs Euler et Lambert, Gauss, au contraire, ne fait pas la moindre allusion aux résultats si importants obtenus par Lagrange.

Si l'on jugeait le moment inopportun pour la publication de

la traduction d'une œuvre bien abstraite d'ailleurs, d'un géomètre allemand mort depuis environ soixante ans, le traducteur se contenterait de répondre que ce travail, dont la publication a été retardée depuis dix ans, est mis en vente intégralement au profit des victimes de la guerre dont s'occupe avec tant de dévouement le *Comité du Secours national* (siège social, 13, rue Suger, Paris), qui a pour Président M. Appell, membre de l'Institut.

L. LAUGEL.

REPRÉSENTATION CONFORME

I

La nature d'une surface courbe est déterminée par une équation entre les coordonnées x, y, z relatives à chacun de ses points. En vertu de cette équation chacune de ces trois variables peut être considérée comme une fonction des deux autres. La généralité est encore plus grande si l'on introduit en outre deux nouvelles variables t, u et si l'on représente chacune des variables x, y, z comme fonction de t et u, en sorte que, au moins en général, des valeurs déterminées de t et u correspondent toujours à un point déterminé de la surface et réciproquement.

II

Soient X, Y, Z, T, U des quantités jouant, par rapport à une deuxième surface, le même rôle que x, y, z, t, u jouent par rapport à la première.

III

Représenter [*abbilden*] la première surface sur la deuxième c'est établir une loi suivant laquelle à chaque point de la première surface doit correspondre un point déterminé de la seconde. On y arrive en posant que T et U sont égales à des fonctions déterminées des deux variables t et u. Si l'on veut que la représentation satisfasse à certaines conditions, ces fonctions ne peuvent plus être arbitraires. Comme alors X, Y, Z deviennent aussi des fonctions de t et de u, ces fonctions, outre la condition que prescrit la nature de la deuxième surface, doivent encore satisfaire à celles qui doivent être remplies dans la représentation.

IV

Le problème proposé par la Société Royale des Sciences exige que la représentation soit semblable à l'original dans les parties infiniment petites. Il s'agit en premier lieu d'exprimer analytiquement cette condition.

De la différentiation des fonctions de t, u par lesquelles sont exprimés x, y, z, X, Y, Z on peut tirer les équations suivantes :

$$\begin{aligned}
dx &= adt + a'du, \\
dy &= bdt + b'du, \\
dz &= cdt + c'du, \\
dX &= Adt + A'du, \\
dY &= Bdt + B'du, \\
dZ &= Cdt + C'du.
\end{aligned}$$

La condition prescrite exige premièrement que toutes les lignes infiniment petites issues d'un point de la première surface et situées sur cette surface soient proportionnelles aux lignes correspondantes sur la deuxième surface, et deuxièmement que les premières lignes en question comprennent entre elles les mêmes angles que les secondes.

Un tel élément linéaire sur la première surface a pour expression

$$\sqrt{(a^2+b^2+c^2)dt^2+2(aa'+bb'+cc')dtdu+(a'^2+b'^2+c'^2)du^2},$$

et l'élément correspondant sur la deuxième

$$\sqrt{(A^2+B^2+C^2)dt^2+2(AA'+BB'+CC')dtdu+(A'^2+B'^2+C'^2)du^2}.$$

Si ces deux éléments doivent être dans un rapport déterminé, quels que soient dt et du, les trois quantités

$$a^2+b^2+c^2, \quad aa'+bb'+cc', \quad a'^2+b'^2+c'^2$$

doivent évidemment être respectivement proportionnelles aux trois suivantes

$$A^2+B^2+C^2, \quad AA'+BB'+CC', \quad A'^2+B'^2+C'^2.$$

Si aux extrémités d'un second élément sur la première surface correspondent les valeurs

$$t, u \quad \text{et} \quad t+\delta t, \quad u+\delta u,$$

le cosinus de l'angle que fait cet élément avec le premier est

$$\frac{(adt+a'du)(a\delta t+a'\delta u)+(bdt+b'du)(b\delta t+b'\delta u)+(cdt+c'du)(c\delta t+c'\delta u)}{\sqrt{[(adt+a'du)^2+(bdt+b'du)^2+(cdt+c'du)^2][(a\delta t+a'\delta u)^2+(b\delta t+b'\delta u)^2+(c\delta t+c'\delta u)^2]}},$$

et pour le cosinus de l'angle compris entre les éléments correspondants sur la deuxième surface on obtient une expression toute pareille, en remplaçant seulement a, b, c, a', b', c'

par A, B, C, A′, B′, C′. Les deux expressions seront égales entr'elles lorsque la proportionnalité en question a lieu, et la seconde condition est par conséquent déjà comprise dans la première, ce qu'un instant de réflexion rend évident.

L'expression analytique de la condition de notre problème est donc la suivante

$$\frac{A^2 + B^2 + C^2}{a^2 + b^2 + c^2} = \frac{AA' + BB' + CC'}{aa' + bb' + cc'} = \frac{A'^2 + B'^2 + C'^2}{a'^2 + b'^2 + c'^2}$$

et ceci doit être une fonction finie de t et u que nous poserons $= m^2$. Alors m exprime le rapport suivant lequel les grandeurs linéaires sur la première surface sont augmentées ou diminuées dans leur représentation sur la seconde, [selon que m est plus grand ou plus petit que 1]. Ce rapport sera, en général, différent suivant les lieux. Au cas particulier où m est constant il y aura similitude complète même dans les parties finies et, lorsqu'en outre $m = 1$, l'égalité parfaite aura lieu, et chacune des surfaces sera applicable sur l'autre.

V

Posant pour abréger

$$(a^2 + b^2 + c^2)dt^2 + 2(aa' + bb' + cc')dtdu + \\ + (a'^2 + b'^2 + c'^2)du^2 = \omega,$$

nous remarquons que l'équation différentielle $\omega = 0$ admettra *deux* intégrales. En effet si l'on décompose le trinôme ω en deux facteurs, linéaires par rapport à dt et du, l'un ou l'autre doit être $= 0$, ce qui donnera deux intégrales différentes. L'une des intégrales correspondra à l'équation

$$0 = (a^2 + b^2 + c^2)dt + \\ + [aa' + bb' + cc' + i\sqrt{(a^2 + b^2 + c^2)(a'^2 + b'^2 + c'^2) - (aa' + bb' + cc')^2}]\,du$$

[où l'on a écrit i pour abréger au lieu de $\sqrt{-1}$, car on voit aisément que la partie irrationnelle de l'expression doit être imaginaire]; l'autre intégrale correspond à une équation toute pareille où l'on remplacera seulement i par $-i$.

Par conséquent si l'intégrale de la première équation est

$$p + iq = \text{Const.},$$

p et q désignant des fonctions réelles de t et u, l'autre intégrale sera

$$p - iq = \text{Const.},$$

d'où il résulte par la nature même de la question que

$$(dp + idq)(dp - idq)$$

c'est-à-dire

$$dp^2 + dq^2$$

doit être un facteur de ω, d'où

$$\omega = n(dp^2 + dq^2),$$

n désignant une fonction finie de t et u.

Désignons maintenant par Ω le trinôme que l'on obtient en remplaçant dans

$$dX^2 + dY^2 + dZ^2$$

dX, dY, dZ par leurs valeurs en T, U, dT, dU, et nous supposerons comme précédemment que les deux intégrales de l'équation $\Omega = 0$ sont les suivantes

$$P + iQ = 0,$$
$$P - iQ = 0,$$

et que

$$\Omega = N(dP^2 + dQ^2),$$

ù P, Q, N désigneront des fonctions réelles de T et U.

Ces intégrations peuvent évidemment s'effectuer [abstraction faite des difficultés générales de l'intégration] avant la résolution de notre problème principal.

Si à T, U l'on substitue des fonctions de t, u telles que la condition de notre problème principal soit remplie, Ω se transforme en $m^2\omega$ et l'on aura

$$\frac{(dP + idQ)(dP - idQ)}{(dp + idq)(dp - idq)} = \frac{m^2 n}{N}.$$

Mais on voit facilement que le numérateur du premier membre de cette équation ne peut être divisible par le dénominateur que lorsque

$$dP + idQ \text{ est divisible par } dp + idq,$$

et

$$dP - idQ \quad \text{par} \quad dp - idq,$$

ou bien lorsque

$$dP + idQ \text{ est divisible} \quad \text{par} \quad dp - idq,$$

et

$$dP - idQ \quad \text{par} \quad dp + idq.$$

Dans le premier cas, par conséquent, $dP + idQ$ s'évanouira lorsque $dp + idq = 0$, ou bien $P + iQ$ sera constant si l'on suppose $p + iq$ constant ; c'est à dire que $P + iQ$ sera simplement fonction de $p + iq$, et de même $P - iQ$ fonction de $p - iq$. Dans l'autre cas, $P + iQ$ sera fonction de $p - iq$, et $P - iQ$ fonction de $p + iq$. Il est aisé de voir également que les réciproques de ces conclusions sont exactes; c'est à dire que, lorsque l'on prend pour $P + iQ$, $P - iQ$ [soit dans l'ordre respectif, soit dans l'ordre inverse] des fonctions de $p + iq$, $p - iq$, la divisibilité exacte de Ω par ω, et par suite la proportionnalité, que l'on a ci-dessus trouvée nécessaire, aura lieu.

On reconnaît d'ailleurs facilement que si l'on pose, par exemple,

$$P + iQ = f(p + iq), \quad P - iQ = f_1(p - iq).$$

la nature de la fonction f_1 est déterminée par celle de la fonction f. En effet lorsque parmi les quantités constantes que peut renfermer cette dernière, il ne s'en trouve aucune qui ne soit réelle, l'autre fonction f_1 devra être complètement identique à f, afin qu'à des valeurs réelles de p, q, correspondent toujours des valeurs réelles de P, Q ; dans le cas contraire f_1 se distinguera seulement de f par ce seul fait que dans les éléments imaginaires de f, au lieu de i l'on devra partout poser $-i$, le signe étant seul changé.

On a par conséquent

$$P = \frac{1}{2} f(p + iq) + \frac{1}{2} f_1(p - iq),$$

$$iQ = \frac{1}{2} f(p + iq) - \frac{1}{2} f_1(p - iq),$$

ou, ce qui revient au même, la fonction f étant prise tout à fait arbitraire [y compris les éléments imaginaires constants pris à volonté], P sera pris égal à la partie réelle et iQ à la partie imaginaire [$-i$Q dans la deuxième solution] de $f(p + iq)$, et par suite en résolvant on obtiendra T et U en fonction de t et u.

Le problème proposé est donc ainsi résolu d'une manière générale et complète.

VI

Si $p' + iq'$ représente une fonction quelconque déterminée de $p + iq$ [p', q' étant des fonctions réelles de p, q], on voit aisément que

$$p' + iq' = \text{Const.} \quad \text{et} \quad p' - iq' = \text{Const.}$$

représentent aussi des intégrales de l'équation différentielle $\omega = 0$, car elles sont tout à fait équivalentes aux équations

$$p + iq = \text{Const.} \quad \text{et} \quad p - iq = \text{Const.}.$$

De même les intégrales de l'équation différentielle $\Omega = 0$,

$$P' + iQ' = \text{Const.} \quad \text{et} \quad P' - iQ' = \text{Const.}$$

seront tout à fait équivalentes aux équations

$$P + iQ = \text{Const.} \quad \text{et} \quad P - iQ = \text{Const.},$$

si $P' + iQ'$ représente une fonction quelconque déterminée de $P + iQ$ [où P', Q' sont des fonctions réelles de P, Q]. De là résulte bien clairement que dans la solution générale de notre problème, donnée dans l'Article précédent, p', q' peuvent remplacer p, q, et P', Q' remplacer P, Q. Bien que la résolution du problème ne gagne rien ainsi en généralité, néanmoins il sera parfois plus commode dans les applications d'employer tantôt l'une tantôt l'autre de ces formes.

VII

Si nous désignons respectivement par φ et φ_1 les fonctions provenant de la différentiation des fonctions arbitraires f, f_1, de telle sorte que

$$df(v) = \varphi(v)dv, \quad df_1(v) = \varphi_1(v)dv,$$

on aura comme conséquence de notre solution générale

$$\frac{dP + idQ}{dp + idq} = \varphi(p + iq), \qquad \frac{dP - idQ}{dp - idq} = \varphi_1(p - iq),$$

et par conséquent

$$\frac{m^2 n}{N} = \varphi(p + iq)\varphi_1(p - iq).$$

Le rapport d'agrandissement sera par suite ainsi déterminé par la formule

$$m = \sqrt{\frac{dp^2 + dq^2}{\omega} \frac{\Omega}{dP^2 + dQ^2} \varphi(p + iq)\varphi_1(p - iq)} .$$

VIII

Nous allons maintenant éclaircir notre solution générale à l'aide de quelques exemples, aussi bien en vue de mettre en pleine lumière le mode d'application que de faire encore ressortir la nature de quelques faits qui se présentent.

Prenons en premier lieu pour surfaces deux plans ; nous pouvons alors poser

$$\begin{aligned} x &= t, & y &= u, & z &= 0, \\ X &= T, & Y &= U, & Z &= 0. \end{aligned}$$

L'équation différentielle

$$\omega = dt^2 + du^2 = 0$$

donne ici les deux intégrales

$$t + iu = \text{Const.}, \qquad t - iu = \text{Const.},$$

et de même les deux intégrales de l'équation

$$\Omega = dT^2 + dU^2 = 0$$

sont les suivantes :

$$T + iU = \text{Const.}, \qquad T - iU = \text{Const.}.$$

Les deux solutions générales du problème sont par conséquent

$$\text{(I)} \qquad T + iU = f(t + iu), \qquad T - iU = f_1(t - iu),$$
$$\text{(II)} \qquad T + iU = f(t - iu), \qquad T - iU = f_1(t + iu).$$

Ce résultat peut aussi s'exprimer comme il suit : La lettre f désignant une fonction quelconque, l'on devra prendre pour X la partie réelle de $f(x + iy)$, et soit pour Y soit pour $-$ Y la partie imaginaire [après suppression du facteur i].

Si l'on emploie les lettres φ, φ_1 dans le sens expliqué à l'Article VII, et si l'on pose

$$\varphi(x + y) = \xi + i\eta, \qquad \varphi_1(x - y) = \xi - i\eta,$$

où ξ et η sont évidemment des fonctions réelles de x et y, on aura pour la *première* solution

$$dX + idY = (\xi + i\eta)(dx + idy),$$
$$dX - idY = (\xi - i\eta)(dx - idy),$$

et par suite

$$dX = \xi dx - \eta dy,$$
$$dY = \eta dx + \xi dy.$$

Si l'on fait maintenant

$$\xi = \sigma \cos \gamma, \qquad \eta = \sigma \sin \gamma,$$
$$dx = ds \cos g, \qquad dy = ds \sin g,$$
$$dX = dS \cos G, \qquad dY = dS \sin G,$$

en sorte que ds représente un élément linéaire sur le premier plan, g son inclinaison sur l'axe des abscisses, dS l'élément linéaire correspondant sur le second plan et G son inclinaison sur l'axe des abscisses, les équations précédentes donnent

$$dS \cos G = \sigma ds \cos (g + \gamma),$$
$$dS \sin G = \sigma ds \sin (g + \gamma),$$

et, par suite, si l'on regarde σ comme positif, ce qui est permis, on aura

$$dS = \sigma ds, \qquad G = g + \gamma.$$

On voit, par conséquent [conformément à l'Article VII], que σ représente le rapport d'agrandissement de l'élément ds sur la représentation dS, et qu'il est, comme cela doit être, indépendant de g ; de même le fait que l'angle γ est indépendant de g montre que tous les éléments linéaires issus d'un point sur le premier plan seront représentés par des éléments sur le second plan, formant entre eux les mêmes angles que les premiers et, nous pouvons ajouter, *dans le même sens.*

Si l'on choisit pour f une fonction linéaire, en sorte que $f(v) = A + Bv$, où les coefficients constants sont de la forme

$$A = a + bi, \qquad B = c + ei,$$

on aura

$$(v) = B = c + ei$$

et, par conséquent,

$$\sigma = \sqrt{c^2 + e^2}, \qquad \gamma = \text{arc tang} \frac{e}{c}.$$

Le rapport d'agrandissement est donc constant en tous les points, et la représentation est partout semblable à l'original.

Pour toute autre fonction f [comme c'est facile à démontrer] le rapport d'agrandissement ne sera pas constant, et, par conséquent, la similitude ne peut avoir lieu que dans les parties infiniment petites.

Si les points qui doivent correspondre à un nombre déterminé de points donnés dans le premier plan sont assignés sur la représentation, on peut aisément, à l'aide de la méthode ordinaire d'interpolation, trouver la fonction algébrique la plus simple qui remplisse cette condition. En effet, si l'on désigne les valeurs de $x + iy$ pour les points donnés par a, b, c, ... et ainsi de suite, et les valeurs correspondantes de $X + iY$ par A, B, C, ... et ainsi de suite, on devra poser

$$f(v) = \frac{(v-b)(v-c)\dots}{(a-b)(a-c)\dots} A + \frac{(v-a)(v-c)\dots}{(b-a)(b-c)\dots} B + \\ + \frac{(v-a)(v-b)\dots}{(c-a)(c-b)\dots} C + \dots \text{ etc.},$$

ce qui est une fonction algébrique de v dont l'ordre est inférieur d'une unité au nombre des points assignés. Dans le cas de deux points, où la fonction est linéaire, l'on a par suite similitude complète.

On peut appliquer utilement cette méthode dans la géodésie pour améliorer une carte faite sur des mesures médiocrement exactes, bonne dans les petits détails mais qui en grand est légèrement déformée, lorsque l'on connaît la position exacte d'un certain nombre de points. Il va sans dire néanmoins que l'on ne peut guère sortir des régions qui entourent ces points.

Si l'on traite la *deuxième* solution de la même façon, on trouve que la seule et unique différence consiste en ce que la similitude est inverse ; tous les éléments sur la représentation font entre eux des angles égaux en grandeur à ceux de l'original, mais en sens inverse, en sorte que ce qui se trouvait à droite est situé à gauche. Cette distinction ne présente rien d'essentiel, et elle disparaît si sur l'un des plans le côté regardé auparavant comme supérieur est maintenant pris comme côté inférieur. On pourra d'ailleurs toujours faire l'application de cette remarque, lorsque l'une des deux surfaces est un plan ; aussi dans les exemples de cette nature qui suivent nous pouvons nous en tenir simplement à la *première* solution.

IX

Considérons maintenant [comme second exemple] la représentation de la surface d'un cône droit sur le plan. Comme équation de la première surface prenons

$$x^2 + y^2 - k^2 z^2 = 0,$$

où nous poserons ensuite

$$x = kt \cos u,$$
$$y = kt \sin u,$$
$$z = t,$$

et, comme auparavant,

$$X = T, \qquad Y = U, \qquad Z = 0.$$

L'équation différentielle

$$\omega = (k^2 + 1)dt^2 + k^2 t^2 du^2 = 0$$

donne ici les deux intégrales

$$\log t \pm i \sqrt{\frac{k^2}{k^2+1}}\, u = \text{Const.}.$$

Nous avons donc la solution

$$X + iY = f\left(\log t + i\sqrt{\frac{k^2}{k^2+1}}\, u\right),$$
$$X - iY = f_1\left(\log t - i\sqrt{\frac{k^2}{k^2+1}}\, u\right);$$

c'est à dire que, f désignant une fonction arbitraire, l'on prendra pour X la partie réelle de

$$f\left(\log t + i\sqrt{\frac{k^2}{k^2+1}}\,u\right)$$

et pour Y la partie imaginaire, après suppression du facteur i.

Si l'on prend par exemple pour f une fonction exponentielle, à savoir

$$f(v) = he^v,$$

où h est une constante, et où e désigne la base des logarithmes hyperboliques, on a ainsi la représentation la plus simple

$$X = ht\cos\left(\sqrt{\frac{k^2}{k^2+1}}\,u\right), \qquad Y = ht\sin\left(\sqrt{\frac{k^2}{k^2+1}}\,u\right).$$

L'application des formules de l'Article VII donne ici

$$n = (k^2+1)t^2,$$
$$N = 1,$$

et, puisque $\varphi(v) = \varphi_1(v) = he^v$, on a

$$\varphi\left(\log t + i\sqrt{\frac{k^2}{k^2+1}}\,u\right)\varphi_1\left(\log t - i\sqrt{\frac{k^2}{k^2+1}}\,u\right) = h^2t^2,$$

et par suite le rapport d'agrandissement sera

$$m = \frac{h}{\sqrt{k^2+1}},$$

et par conséquent constant.

Si l'on fait encore

$$h = \sqrt{k^2+1},$$

la représentation sera donc en ce cas un développement complet [*du cône sur le plan — sous entendu par Gauss.*].

X

En troisième lieu, soit à représenter sur le plan la surface de la sphère de rayon a. Nous posons ici

$$x = a \cos t \sin u,$$
$$y = a \sin t \sin u,$$
$$z = a \cos u,$$

d'où nous tirons

$$\omega = a^2 \sin^2 u dt^2 + a^2 du^2.$$

L'équation différentielle $\omega = 0$ donne par suite,

$$dt \mp i \frac{du}{\sin u} = 0,$$

et l'intégration de celle ci

$$t \pm i \log \operatorname{cotang} \frac{1}{2} u = \text{Const.}.$$

Donc, si nous désignons encore par la lettre f une fonction arbitraire, l'on devra prendre pour X la partie réelle et pour iY la partie imaginaire de

$$f\left(t \pm i \log \operatorname{cotang} \frac{1}{2} u\right).$$

Nous nous proposons de traiter quelques cas particuliers de cette solution générale.

Si l'on choisit pour f une fonction linéaire, en posant $f(v) = kv$, on aura

$$X = kt, \qquad Y = k \log \operatorname{cotang} \frac{1}{2} u.$$

Appliquée au globe terrestre, si l'on désigne par t la longitude géographique et par $90^\circ - u$ la latitude, cette représentation n'est évidemment pas autre chose que la projection de *Mercator*. Pour le rapport d'agrandissement, les formules de l'Article VII donnent ici

$$m = \frac{k}{a \sin u}.$$

Si l'on prend pour f une fonction exponentielle imaginaire, et en premier lieu la plus simple $f(v) = ke^{iv}$ on aura

$$f\left(t + i \log \operatorname{cotang} \frac{1}{2}u\right) = ke^{-\log \operatorname{tang} \frac{1}{2}u + it},$$

$$= k \operatorname{tang} \frac{1}{2}u \,(\cos t + i \sin t),$$

et

$$X = k \operatorname{tang} \frac{1}{2}u \cos t, \qquad Y = k \operatorname{tang} \frac{1}{2}u \sin t;$$

c'est, comme on le reconnaît aisément, la projection stéréographique.

Si l'on pose d'une manière plus générale $f(v) = ke^{i\lambda v}$, on aura :

$$X = k \operatorname{tang}^{\lambda} \frac{1}{2}u \cos \lambda t, \qquad Y = k \operatorname{tang}^{\lambda} \frac{1}{2}u \sin \lambda t.$$

Pour le rapport d'agrandissement, nous obtenons ici

$$n = a^2 \sin^2 u, \qquad N = 1, \qquad \varphi(v) = i\lambda ke^{i\lambda v},$$

d'où.

$$m = \frac{\lambda k \operatorname{tang}^{\lambda} \frac{1}{2}u}{a \sin u}.$$

On voit qu'ici la représentation de tous les points pour lesquels u est constant se fait le long d'une circonférence, et la représentation de tous les points pour lesquels t est constant le long d'une ligne droite, et, de plus, que les circonférences correspondant à toutes les différentes valeurs de u sont concentriques. Ceci fournit pour les cartes une projection très utile lorsqu'il ne s'agit que de représenter une partie de la surface de la sphère, et ce qu'il y a alors de mieux à faire c'est de choisir λ tel que le rapport d'agrandissement soit le même pour les valeurs extrêmes de u, de telle sorte qu'il prend ainsi sa plus petite valeur vers le milieu [*de la carte — sous-entendu par Gauss*]. Ces valeurs extrêmes de u sont-elles u^0 et u', on devra par suite poser

$$\lambda = \frac{\log \sin u' - \log \sin u^0}{\log \operatorname{tang} \frac{1}{2} u' - \log \operatorname{tang} \frac{1}{2} u^0}.$$

Les feuilles des cartes célestes nos 19 à 26 de M. le Prof. Harding sont construites suivant cette projection.

XI

La solution générale de l'exemple traité dans l'article précédent peut encore être présentée sous une autre forme que nous pensons devoir ajouter ici à cause de son élégance.

Par suite des considérations exposées dans l'Article VI, puisque

$$\operatorname{tang} \frac{1}{2} u (\cos t + i \sin t)$$

est une fonction de

$$t + i \log \operatorname{cotang} \frac{1}{2} u,$$

et que

$$\operatorname{tang} \frac{1}{2} u (\cos i + i \sin t) = \frac{\sin u \cos t + i \sin u \sin t}{1 + \cos u} = \frac{x + iy}{a + z},$$

la solution générale pourra aussi être représentée par

$$X + iY = f\left(\frac{x + iy}{a + z}\right), \qquad X - iY = f_1\left(\frac{x - iy}{a + z}\right);$$

c'est à dire que X devra être posé égal à la partie réelle, et iY à la partie imaginaire de $f\left(\frac{x + y}{a + z}\right)$, f désignant une fonction arbitraire. Au lieu de $f\left(\frac{x + iy}{a + z}\right)$ on reconnaît aisément que l'on peut encore prendre une fonction arbitraire de $\frac{y + iz}{a + x}$ ou bien de $\frac{z + ix}{a + y}$.

XII

Quatrièmement, considérons la représentation de la surface de l'ellipsoïde de révolution sur le plan. Soient a et b les deux demi-axes principaux de l'ellipsoïde en sorte que l'on peut poser

$$x = a \cos t \sin u,$$
$$y = a \sin t \sin u,$$
$$z = b \cos u.$$

On aura par conséquent ici

$$\omega = a^2 \sin^2 u dt^2 + (a^2 \cos^2 u + b^2 \sin^2 u) du^2,$$

et la formule différentielle $\omega = 0$, si l'on pose pour abréger $\sqrt{1 - \frac{b^2}{a^2}} = \varepsilon$ [avec le demi-axe de révolution $b < a$], donne

$$0 = dt \mp idu \sqrt{\operatorname{cotang}^2 u + 1 - \varepsilon^2}.$$

Si l'on pose ici

$$\sqrt{1-\varepsilon^2}\,\text{tang}\,u = \text{tang}\,w$$

où, en faisant l'application au sphéroïde terrestre, $90° - w$ représentera la latitude géographique et t la longitude, cette équation se transforme en

$$0 = dt \mp i dw \frac{1-\varepsilon^2}{(1-\varepsilon^2\cos^2 w)\sin w}$$

dont l'intégration donne

$$\text{Const.} = t \pm i \log\left[\text{cotang}\,\frac{1}{2}w\left(\frac{1-\varepsilon\cos w}{1+\varepsilon\cos w}\right)^{\frac{1}{2}\varepsilon}\right].$$

On doit donc, f désignant une fonction arbitraire, prendre pour X la partie réelle et pour iY la partie imaginaire de

$$f\left(t + i\log\left[\text{cotang}\,\frac{1}{2}w\left(\frac{1-\varepsilon\cos w}{1+\varepsilon\cos w}\right)^{\frac{1}{2}\varepsilon}\right]\right).$$

Si l'on choisit pour f une fonction linéaire, c'est à dire $f(v) = kv$, on aura

$$X = kt, \qquad Y = k\log\text{cotang}\,\frac{1}{2}w - \frac{1}{2}k\varepsilon\log\left(\frac{1+\varepsilon\cos w}{1-\varepsilon\cos w}\right),$$

ce qui fournit une projection analogue à celle de *Mercator*.

Si l'on prend au contraire pour f une fonction exponentielle imaginaire $f(v) = ke^{i\lambda v}$, on aura

$$X = k\,\text{tang}^{\lambda}\,\frac{1}{2}w\left(\frac{1+\varepsilon\cos w}{1-\varepsilon\cos w}\right)^{\frac{1}{2}\varepsilon\lambda}\cos\lambda t,$$

$$Y = k\,\text{tang}^{\lambda}\,\frac{1}{2}w\left(\frac{1+\varepsilon\cos w}{1-\varepsilon\cos w}\right)^{\frac{1}{2}\varepsilon\lambda}\sin\lambda t,$$

ce qui, pour $\lambda = 1$, fournit une projection analogue à la projection polaire [*polarprojection*] stéréographique, qui en général est très avantageuse pour la représentation d'une partie de la surface de la terre au cas où on veut tenir compte de l'aplatissement.

Pour ce qu'il reste à dire de l'autre cas où $b > a$, il serait facile, il est vrai, de le déduire de ce qui précède où, en conservant les mêmes notations, ε est imaginaire, mais où $\left(\frac{1+\varepsilon\cos w}{1-\varepsilon\cos w}\right)^{\frac{1}{2}\varepsilon}$ sera encore réel.

Mais, pour être complet, indiquons encore en particulier les formules relatives à ce cas, et posons tout d'abord

$$\sqrt{\frac{b^2}{a^2}-1}=\eta.$$

On doit alors déterminer w à l'aide de l'équation

$$\sqrt{1+\eta^2}\,\text{tang}\,u=\text{tang}\,w,$$

et l'équation différentielle

$$0=dt\mp idw\frac{1+\eta^2}{(1+\eta^2\cos^2 w)\sin w}$$

donnera l'intégrale

$$\text{Const}=t\pm i\left[\log\text{cotang}\frac{1}{2}w+\eta\,\text{arc tang}\,(\eta\cos w)\right],$$

en sorte que l'on devra prendre pour X la partie réelle et pour iY la partie imaginaire de

$$f\left(t+i\left[\log\text{cotang}\frac{1}{2}w+\eta\,\text{arc tang}\,(\eta\cos w)\right]\right).$$

On en déduit immédiatement les analogues des deux applications particulières considérées plus haut. Pour la première on devra poser ici

$$\text{X}=kt,\qquad \text{Y}=k\log\text{cotang}\frac{1}{w}+\eta k\,\text{arc tang}(\eta\cos w),$$

et pour la seconde

$$X = k \operatorname{tang}^{\lambda} \tfrac{1}{2} w \, e^{-\eta_1 \lambda \operatorname{arc\,tang}(\eta_1 \cos w)} \cos \lambda t,$$

$$Y = k \operatorname{tang}^{\lambda} \tfrac{1}{2} w \, e^{-\eta_1 \lambda \operatorname{arc\,tang}(\eta_1 \cos w)} \sin \lambda t.$$

XIII

Comme dernier exemple nous allons traiter la représentation générale de la surface de l'ellipsoïde de révolution sur celle de la sphère.

Nous conserverons pour l'ellipsoïde les notations de l'article précédent, et A désignant le demi-diamètre de la sphère nous poserons

$$X = A \cos T \sin U,$$
$$Y = A \sin T \sin U,$$
$$Z = A \cos U.$$

Si l'on fait ici l'application de la solution générale de l'Article V, on trouve que, f désignant une fonction arbitraire, on doit poser T égal à la partie réelle et $i \log \operatorname{cotang} \frac{1}{2} U$ à la partie imaginaire de

$$f\left(t + i \log\left[\operatorname{cotang} \tfrac{1}{2} w \left(\frac{1 - \varepsilon \cos w}{1 + \varepsilon \cos w}\right)^{\frac{1}{2}\varepsilon}\right]\right). \qquad (*)$$

(*) Nous négligerons ici en partie et la seconde solution de l'Article V qui diffère seulement de celle en question par le remplacement de + T par — T et correspondrait à une représentation inverse, et le cas d'un ellipsoïde allongé dont la considération se ramène évidemment à celle de l'ellipsoïde aplati d'après les développements de l'article qui précède (Gauss).

La solution la plus simple s'obtient en posant $f(v) = v$, d'où

$$T = t, \qquad \operatorname{tang} \frac{1}{2} U = \operatorname{tang} \frac{1}{2} w \left(\frac{1 + \varepsilon \cos w}{1 - \varepsilon \cos w}\right)^{\frac{1}{2}\varepsilon}.$$

Ceci nous donne une transformation d'une utilité extrême en géodésie supérieure, et relativement à laquelle nous ne pouvons indiquer ici que quelques détails en passant. Notamment si nous regardons sur la surface de l'ellipsoïde et sur celle de la sphère comme correspondants les points qui ont même longitude et dont les latitudes respectives, $90^{\circ} - U$, $90 - w$, sont liées par l'équation ci-dessus, alors, à un système de triangles relativement petits [et ce seront toujours ceux-là qui pourront servir aux mesures effectives] formés sur la surface du sphéroïde par des lignes géodésiques, correspond sur la surface de la sphère un système de triangles dont les angles sont *exactement* égaux aux angles correspondants sur le sphéroïde et dont les côtés diffèrent si peu d'arcs de grands cercles que, dans la plupart des cas où la précision la plus rigoureuse n'est pas exigée, l'on pourra les regarder comme tels; du reste, lorsque la plus grande exactitude est nécessaire, l'écart avec l'arc de grand cercle peut être facilement évalué avec toute la précision nécessaire, à l'aide de formules simples.

On peut calculer tout le système au moyen des angles, comme s'il était sur la sphère même [après avoir reporté convenablement sur la sphère un côté d'un des triangles, en faisant au besoin les modifications indiquées], puis déterminer les valeurs de T et de U pour tous les points du système, et de ces dernières valeurs on pourra revenir aux valeurs correspondantes de w; [le moyen le plus simple sera d'employer à cet effet une table auxiliaire des plus faciles à construire].

Comme un réseau de triangles ne s'étend jamais qu'à une partie très restreinte de la surface terrestre, l'on atteindra le but en question d'une manière encore plus complète, si l'on généralise encore un peu la solution générale en prenant non $f(v) = v$ mais $f(v) = v +$ Const. On n'y aurait évidemment absolument rien gagné, si l'on attribuait à cette constante une valeur réelle, puisqu'alors T et t différeraient simplement de cette constante, et que par conséquent les origines des longitudes seraient seules changées. Mais il en est tout autrement lorsque l'on attribue à la constante une valeur imaginaire. Si on la fait $= i \log k$, on aura

$$T = t, \qquad \operatorname{tang} \frac{1}{2} U = k \operatorname{tang} \frac{1}{2} w \left(\frac{1 + \varepsilon \cos w}{1 - \varepsilon \cos w} \right)^{\frac{1}{2}\varepsilon}.$$

Pour pouvoir ici reconnaître la valeur de k la plus convenable, nous devons avant tout déterminer le rapport d'agrandissement.

On aura dans ce cas, avec les notations des Articles V et VI,

$$n = a^2 \sin^2 u,$$
$$N = A^2 \sin^2 U,$$
$$\varphi(v) = 1.$$

Par conséquent

$$m = \frac{A \sin U}{a \sin u} = \frac{A \sin U}{a \sin w} \sqrt{1 - \varepsilon^2 \cos^2 w}$$

$$= \frac{A}{a} \, \frac{k(1 - \varepsilon^2 \cos^2 w)^{\frac{1}{2} + \frac{1}{2}\varepsilon}}{\cos^2 \frac{1}{2} w (1 - \varepsilon \cos w)^{\varepsilon} + k^2 \sin^2 \frac{1}{2} w (1 + \varepsilon \cos w)^{\varepsilon}},$$

rapport qui par suite ne dépend que de la latitude. On obtient le plus petit écart possible avec la similitude complète si l'on détermine k tel que m prenne des valeurs égales pour les latitudes extrêmes, ce qui évidemment pour la latitude moyenne fera prendre à m une valeur très rapprochée de son maximum ou de son minimum. Si l'on désigne par w^0 et w' les valeurs extrêmes de w, on obtient de cette manière

$$k = \sqrt{\dfrac{\dfrac{\cos^2 \frac{1}{2} w^0 (1 - \varepsilon \cos w^0)^{\varepsilon}}{(1 - \varepsilon^2 \cos^2 w^0)^{\frac{1}{2} + \frac{1}{2}\varepsilon}} - \dfrac{\cos^2 \frac{1}{2} w' (1 - \varepsilon \cos w')^{\varepsilon}}{(1 - \varepsilon^2 \cos^2 w')^{\frac{1}{2} + \frac{1}{2}\varepsilon}}}{\dfrac{\sin^2 \frac{1}{2} w' (1 + \varepsilon \cos w')^{\varepsilon}}{(1 - \varepsilon^2 \cos^2 w')^{\frac{1}{2} + \frac{1}{2}\varepsilon}} - \dfrac{\sin^2 \frac{1}{2} w^0 (1 - \cos w^0)^{\varepsilon}}{(1 - \varepsilon^2 \cos^2 w^0)^{\frac{1}{2} + \frac{1}{2}\varepsilon}}}}.$$

Pour reconnaître quelle est la latitude où m prend sa plus grande ou sa plus petite valeur nous avons

$$\frac{dm}{m} = \text{cotang } \mathrm{U} d\mathrm{U} - \text{cotang } w dw + \frac{\varepsilon^2 \cos w \sin w dw}{1 - \varepsilon^2 \cos^2 w},$$

$$\frac{d\mathrm{U}}{\sin \mathrm{U}} = \frac{dw}{\sin w} - \frac{\varepsilon^2 \sin w dw}{1 - \varepsilon^2 \cos^2 w} = \frac{1 - \varepsilon^2 dw}{(1 - \varepsilon^2 \cos^2 w) \sin w},$$

d'où

$$\frac{dm}{m} = \frac{(1 - \varepsilon^2) dw}{\sin w (1 - \varepsilon^2 \cos^2 w)} (\cos \mathrm{U} - \cos w).$$

D'après ceci il est clair que m prend sa plus grande ou sa plus petite valeur quand $\mathrm{U} = w$; si l'on désigne la valeur de w en ce lieu par W, on aura

$$k = \left(\frac{1 - \varepsilon \cos \mathrm{W}}{1 + \varepsilon \cos \mathrm{W}}\right)^{\frac{1}{2}\varepsilon} \quad \text{ou} \quad \cos \mathrm{W} = \frac{1 - k^{\frac{2}{\varepsilon}}}{\varepsilon (1 + k)^{\frac{2}{\varepsilon}}},$$

d'où l'on peut tirer W, lorsque k a été calculé à l'aide de la formule précédente. Toutefois dans la pratique il importe peu qu'on ait une égalité parfaitement rigoureuse des valeurs de m aux latitudes extrêmes, et on peut se contenter de prendre approximativement pour 90° — W la latitude moyenne, et de là tirer k. La relation générale entre U et w est alors donnée par la formule

$$\operatorname{tang}\frac{1}{2}\mathrm{U} = \operatorname{tang}\frac{1}{2}w\left[\frac{(1-\varepsilon\cos\mathrm{W})(1+\varepsilon\cos w)}{(1+\varepsilon\cos\mathrm{W})(1-\varepsilon\cos w)}\right]^{\frac{1}{2}\varepsilon}.$$

Pour les calculs numériques effectifs il est toutefois plus avantageux d'employer des séries, auxquelles on peut donner plusieurs formes, sur le développement desquelles nous ne nous arrêterons pas ici.

D'ailleurs, comme l'on voit aisément que, pour $w < \mathrm{W}$, $\mathrm{U} > w$, on voit que, par conséquent, $\cos \mathrm{U} - \cos w$ et par suite aussi $\frac{dm}{dw}$ est négatif; pour $w > \mathrm{W}$, on a $\mathrm{U} < w$, et par suite $\frac{dm}{dw}$ est alors positif; il est donc clair que pour $w = \mathrm{U} = \mathrm{W}$, la valeur de m sera toujours un minimum qui, du reste,

$$= \frac{\mathrm{A}}{a_1}\sqrt{1-\varepsilon^2\cos^2\mathrm{W}}.$$

Par conséquent si l'on choisit pour le rayon de la sphère

$$\mathrm{A} = \frac{a}{\sqrt{1-\varepsilon^2\cos^2\mathrm{W}}},$$

la représentation des parties infiniment petites de l'ellipsoïde pour la latitude 90° — W est non seulement semblable à l'original mais encore lui est égale ; mais pour d'autres latitudes elle est plus grande.

On peut avantageusement développer le logarithme de m en une série procédant suivant les puissances de $\cos \mathrm{U} - \cos \mathrm{W}$, et dont les premiers termes, qui suffisent dans la pratique, sont les suivants

$$\log \text{hyp}\, m = \log\left(\frac{A}{a}\sqrt{1-\varepsilon^2\cos^2 W}\right)$$
$$+\frac{\varepsilon^2}{2(1-\varepsilon^2)}(\cos U-\cos W)^2$$
$$-\frac{2\varepsilon^4\cos W}{3(1-\varepsilon^2)^2}(\cos U-\cos W)^3+\ldots..$$

Par conséquent, si nous faisons ainsi la carte de la monarchie danoise, par exemple, sur la surface de la sphère entre les limites définies par les latitudes 53° et 58°, et si nous posons $W = 34°\,30'$, alors, avec l'aplatissement $\frac{1}{303}$, la représentation aux limites, évaluée linéairement, ne sera agrandie que de $\frac{1}{530000}$.

Nous devons nous contenter ici d'avoir donné seulement une indication abrégée *d'une* méthode de représentation des figures de la géodésie supérieure en réservant pour une autre occasion un exposé convenablement détaillé.

XIV

Il nous reste encore à considérer ici d'une manière un peu plus détaillée une circonstance qui se présente dans notre solution générale. Nous avons démontré à l'Article V qu'il existe toujours deux solutions ; ou bien l'on doit avoir $P + iQ$ égal à une fonction de $p + iq$ et $P - iQ$ égal à une fonction de $p - iq$; ou bien l'on doit avoir $P + iQ$ égal à une fonction de $p - iq$ et $P - iQ$ de $p + iq$. Nous voulons maintenant prouver en outre que dans une des solutions les parties de la représentation ont une position semblable à celle de l'original, et qu'au contraire dans l'autre solution elles sont placées inversement. Nous voulons aussi indiquer un criterium d'après lequel cela peut être reconnu à priori.

Mais auparavant remarquons qu'il ne peut être question de similitude directe ou inverse que si l'on distingue deux côtés pour chacune des deux surfaces, dont l'un sera regardé comme le supérieur et l'autre comme l'inférieur. Comme cette distinction présente en soi quelque chose d'arbitraire, les deux solutions, à vrai dire, ne sont pas essentiellement distinctes, et la similitude inverse devient similitude directe, du moment que pour l'une des surfaces on regarde comme inférieur le côté que l'on envisageait auparavant comme supérieur. Par suite cette distinction ne pourrait se présenter dans notre solution, puisque les surfaces sont simplement déterminées par les coordonnées de leurs points. Si l'on veut donc introduire cette distinction, on doit auparavant déterminer la nature de la surface par une autre méthode qui entraîne avec elle cette distinction. A cet effet nous supposerons que la nature de la première surface est déterminée par l'équation $\psi = 0$, où ψ est une fonction uniforme donnée de x, y, z. En tous les points de la surface par conséquent la valeur de ψ s'évanouira, et en tous les points de l'espace qui n'appartiennent pas à la surface elle ne s'évanouira pas. Par suite lorsque l'on traversera la surface, la valeur de ψ, en général du moins, passera du positif au négatif, et lors du passage inverse du négatif au positif; c'est à dire que d'un côté de la surface la valeur de ψ sera positive, et de l'autre négative; nous regarderons le premier côté comme le côté supérieur, et l'autre comme l'inférieur. Nous ferons les mêmes conventions pour la deuxième surface, sa nature étant déterminée par l'équation $\Psi = 0$, où Ψ désigne une fonction uniforme donnée des coordonnées X, Y, Z. La différentiation donne ensuite

$$d\psi = e\,dx + g\,dy + h\,dz,$$
$$d\Psi = E\,dX + G\,dY + H\,dZ,$$

où e, g, h sont des fonctions de x, y, z et E, G, H de X, Y, Z.

Comme les considérations que nous devons employer dans le but envisagé, quoiqu'en soi peu difficiles, sont néanmoins d'une nature assez inusitée, nous allons nous efforcer de leur donner la plus grande clarté. Entre les deux représentations qui se correspondent sur les surfaces $\psi = 0$ et $\Psi = 0$ nous considérons six représentations intermédiaires sur le plan, de telle sorte que l'on aura à considérer huit représentations, savoir :

	où on regarde comme correspondants les points dont les coordonnées respectives sont
1. L'original sur la surface dont l'équation est $\psi = 0$.	x, y, z ;
2. La représentation sur le plan	$x, y, 0$;
3.	$t, u, 0$;
4.	$p, q, 0$;
5.	P, Q, 0 ;
6.	T, U, 0 ;
7.	X, Y, 0 ;
8. La copie sur la surface dont l'équation est $\Psi = 0$.	X, Y, Z .

Nous allons maintenant comparer ces diverses représentations exclusivement au point de vue de la *position* mutuelle des éléments linéaires infiniment petits, en laissant tout à fait de côté le rapport d'agrandissement ; par conséquent on regardera deux représentations comme semblablement placées, lorsque de deux éléments linéaires issus d'un point, à celui de droite sur l'une des représentations correspond également celui de droite sur l'autre ; au cas contraire elles seront dites placées inversement. Pour les plans 2 à 7, le côté où se trouve la valeur positive de la troisième coordonnée, sera toujours regardé comme supérieur ; pour la première et la dernière surface au contraire, la distinction entre les côtés supérieurs et inférieurs dépend des valeurs positives ou négatives de ψ et Ψ, ainsi qu'il a été convenu plus haut.

Et d'abord il est clair qu'en chaque point de la première surface où, pour x et y invariables, on passe sur le côté supérieur par un accroissement positif de z, la représentation sur 2 sera semblablement placée à celle sur 1. C'est ce qui arrivera par conséquent évidemment partout où h est positif, et pour h négatif le contraire se présentera, et les représentations seront alors situées inversement.

De même les représentations sur 7 et 8 seront semblablement ou inversement situées selon que H est positif ou négatif.

Pour comparer entr'elles les représentations 2 et 3, sur la première soit ds la longueur d'une ligne infiniment petite menée du point dont les coordonnées sont x, y à un autre point dont les coordonnées sont $x + dx$, $y + dy$, et soit l l'angle que fait cette ligne avec l'axe des abscisses compté dans le sens suivant lequel on passe de l'axe des x à l'axe des y, en sorte que $dx = ds \cos i$, $dy = ds \sin l$. Sur la représentation 3, soit $d\sigma$ la longueur de la ligne qui correspond à ds, et soit λ l'angle qu'elle fait avec l'axe des abscisses, compté comme précédemment, en sorte que $dt = d\sigma \cos \lambda$, $du = d\sigma \sin \lambda$.

On a par conséquent, avec les notations de l'Article IV,

$$ds \cos l = d\sigma(a \cos \lambda + a' \sin \lambda),$$
$$ds \sin l = d\sigma(b \cos \lambda + b' \sin \lambda),$$

et par suite

$$\operatorname{tang} l = \frac{b \cos \lambda + b' \sin \lambda}{a \cos \lambda + a' \sin \lambda}.$$

Si l'on regarde maintenant x et y comme constants et l, λ

comme variables, on a par différentiation

$$\frac{dl}{d\lambda} = \frac{ab' - ba'}{(a\cos\lambda + a'\sin\lambda)^2 + (b\cos\lambda + b'\sin\lambda)^2}$$
$$= (ab' - ba')\frac{d\sigma^2}{ds^2}.$$

On reconnaît, par conséquent, que selon que $ab' - ba'$ est positif *ou* négatif, l et λ croissent toujours dans le même sens *ou* varient en sens inverse, et que, par conséquent, les représentations 2 et 3 sont semblablement disposées dans le premier cas, inversement dans le second.

En réunissant ce résultat à celui trouvé auparavant, on reconnaît que les représentations 1 et 3 sont semblablement ou inversement disposées selon que $\frac{ab' - ba'}{h}$ est positif ou négatif.

Puisque sur la surface dont l'équation est $\psi = 0$ on a

$$edx + gdy + hdz = 0,$$

on aura aussi par conséquent

$$(ea + gb + hc)dt + (ea' + gb' + hc')du = 0,$$

quel que soit d'ailleurs le rapport de dt et du, et on aura évidemment identiquement

$$ea + gb + hc = 0, \qquad eb' + gb' + hc' = 0\,;$$

d'où il résulte que e, g, h sont respectivement proportionnels aux quantités $bc' - cb'$, $ca' - ac'$, $ab' - ba'$, et que par conséquent

$$\frac{bc' - cb'}{e} = \frac{ca' - ac'}{g} = \frac{ab' - ba'}{h}.$$

On peut donc prendre comme criterium de la disposition semblable ou inverse des parties sur les représentations 1 et 3 l'une quelconque au choix des trois dernières expressions, ou bien, en les multipliant par la quantité essentiellement positive $e^2 + g^2 + h^2$, l'expression symétrique ainsi obtenue

$$ebc' + gca' + hab' - ecb' - gac' - hba'.$$

De même la disposition semblable ou inverse des parties sur les représentations 6 et 8 dépendra de la valeur positive ou négative des quantités

$$\frac{BC' - CB'}{E}, \quad \frac{CA' - AC'}{G}, \quad \frac{AB' - BA'}{H},$$

ou, si l'on préfère, de l'expression symétrique

$$EBC' + GCA' + HAB' - ECB' - GAC' - HBA'.$$

La comparaison des représentations 3 et 4 repose sur des principes tout à fait pareils à celle de 2 et 3, et la disposition semblable ou inverse des parties dépend du signe positif ou négatif de la quantité

$$\frac{\partial p}{\partial t}\frac{\partial q}{\partial u} - \frac{\partial p}{\partial u}\frac{\partial q}{\partial t},$$

de même le signe positif ou négatif de

$$\frac{\partial P}{\partial T}\frac{\partial Q}{\partial U} - \frac{\partial P}{\partial U}\frac{\partial Q}{\partial T}$$

déterminera la disposition semblable ou inverse des parties sur les représentations 5 et 6.

Finalement, pour ce qui concerne la comparaison des représentations 4 et 5, nous pouvons nous en tenir à l'analyse de l'Article V, qui montre bien clairement qu'elles ont dans les parties infiniment petites une disposition semblable ou inverse, selon que l'on choisit la première ou la seconde solution, c'est à dire selon que l'on a posé

$$P + iQ = f(p + iq) \quad \text{et} \quad P - iQ = f_1(p - iq)$$

ou

$$P + iQ = f(p - iq) \quad \text{et} \quad P - iQ = f_1(p + iq).$$

De tout cela nous concluons maintenant que lorsque la représentation sur la surface dont l'équation est $\Psi = 0$ doit être non seulement semblable en les parties infiniment petites à l'original dont l'équation est $\psi = 0$, mais encore semblablement disposée, l'on doit avoir égard au nombre des quantités négatives qui se présentent parmi les quatre suivantes

$$\frac{ab' - ba'}{h}, \qquad \frac{\partial p}{\partial t}\frac{\partial q}{\partial u} - \frac{\partial p}{\partial u}\frac{\partial q}{\partial t},$$
$$\frac{\partial P}{\partial T}\frac{\partial Q}{\partial U} - \frac{\partial P}{\partial U}\frac{\partial Q}{\partial T}, \qquad \frac{AB' - BA'}{H}.$$

Si ce dernier nombre est nul ou pair, on devra choisir la première solution ; si parmi ces quantités une ou trois sont négatives on devra choisir la seconde solution. Pour un choix opposé l'on trouvera toujours la similitude inverse.

D'ailleurs on peut encore démontrer, si l'on désigne respectivement les quatre quantités précédentes par r, s, S, R, que l'on a toujours

$$\frac{r\sqrt{e^2 + g^2 + h^2}}{s} = \pm n, \qquad \frac{R\sqrt{E^2 + G^2 + H^2}}{S} = \pm N,$$

n et N ayant même signification qu'à l'Article V. Nous passerons sous silence la démonstration facile à trouver de ce théorème ; ce théorème en effet n'est pas nécessaire au but envisagé.

NOTES

—

Art. X (fin). — Après la dernière équation qui détermine λ, Gauss a écrit en marge de son propre exemplaire du mémoire : « ou $\lambda = \cos u^*$, lorsque la valeur minima du rapport d'agrandissement doit avoir lieu pour $u = u^*$ ».

La projection conique dont il est ici question est déjà mentionnée dans le mémoire de Lambert.

Harding, (1765-1834), était Professeur d'Astronomie à Göttingue. Ses cartes célestes parurent sous le titre « Atlas novus cœlestis, XCVI tab. cont. » Göttingen, 1808-1813.

Art. XII. — Remarquons relativement au résultat de cet article, que la représentation conforme de surfaces quelconques du second ordre sur le plan a été donnée pour la première fois par Jacobi. (Crelle. Tomes 19 et 59. et Œuvres. Tome II, p. 57 et p. 399).

La représentation de la surface de l'ellipsoïde de révolution sur celle de la sphère a été poursuivie plus loin par Gauss dans ses « Recherches sur la géodésie supérieure » (1844-47). Œuvres. Tome IV, p. 259 et suiv. Les applications dont parle ici Gauss s'y trouvent exposées. C'est encore à ce propos qu'il introduit l'expression « représentation conforme ».

Art. XIII. — Dans ses recherches sur la géodésie Gauss prend pour $f(v)$ la forme

$$f(v) = \alpha v - i \log k$$

Art. XIII (fin). — Relativement à la série pour $\log m$, remarquons ceci :

La formule

$$\frac{dm}{m} = \frac{(1 - \varepsilon^2)dw}{\sin w\,(1 - \varepsilon^2 \cos^2 w)}(\cos U - \cos w)$$

donne $\frac{d \log m}{dw}$; la formule précédente pour $\frac{dU}{\sin U}$ donne ensuite $\frac{dw}{dU}$. On tire de ces deux formules

$$\frac{d \log m}{d \cos U} = \frac{-(\cos U - \cos w)}{\sin^2 U}.$$

En différentiant successivement, on obtient

$$\frac{d^2 \log m}{(d \cos U)^2}, \qquad \frac{d^3 \log m}{(d \cos U)^3}, \qquad \text{etc.}$$

Si l'on fait $U = W$, après avoir effectué les différentiations, on a aussi $w = W$, d'où

$$\left[\frac{d \log m}{d \cos U}\right]_{\cos U = \cos W} = 0, \qquad \left[\frac{d^2 \log m}{(d \cos U)^2}\right]_{\cos U = \cos W} = \frac{\varepsilon^2}{1 - \varepsilon^2},$$

$$\left[\frac{d^3 \log m}{(d \cos U)^3}\right]_{\cos U = \cos W} = \frac{-4\varepsilon^4 \cos W}{(1 - \varepsilon^2)^2}$$

La valeur prise par Gauss pour l'aplatissement, à savoir $\frac{1}{303}$, est un peu trop petite d'après les nouvelles mesures. Avec la valeur de Gauss $\frac{a - b}{a} = \frac{1}{303}$ on a $\varepsilon^2 = \frac{a^2 - b^2}{a^2} = \frac{2}{303}$.

Art. XIV. — Par fonction uniforme Gauss entend ce que l'on nomme aujourd'hui le plus souvent fonction univoque.

Dans la comparaison des représentations 3 et 4, on reconnaît que la disposition semblable ou inverse dépend respectivement du signe positif ou négatif de la quantité $\frac{\partial p}{\partial t}\frac{\partial q}{\partial u} - \frac{\partial p}{\partial u}\frac{\partial q}{\partial t}$ au moyen de la considération suivante.

Dans la comparaison des représentations 2 et 3, la disposition dépend du signe de l'expression $ab' - ba'$. Si l'on passe maintenant à la comparaison entre 3 et 4, à la place de x, y il n'y a qu'à mettre tout simplement p, q. Par conséquent au lieu de $\frac{\partial x}{\partial t}, \frac{\partial x}{\partial u}, \frac{\partial y}{\partial t}, \frac{\partial y}{\partial u}$, c'est à dire (voir article IV) au lieu de a, a', b, b', on doit prendre $\frac{\partial p}{\partial t}, \frac{\partial p}{\partial u}, \frac{\partial q}{\partial t}, \frac{\partial q}{\partial u}$.

XIV. (Démonstration des deux dernières formules de cet article, données par Gauss sans démonstration).

En premier lieu, d'après l'article V, on a

$$\begin{aligned}\omega &= (a^2 + b^2 + c^2)dt^2 + 2(aa' + bb' + cc')dtdu + (a'^2 + b'^2 + c'^2)du^2 \\ &= n(dp^2 + dq^2) = n\left[\left(\frac{\partial p}{\partial t}dt + \frac{\partial p}{\partial u}du\right)^2 + \left(\frac{\partial q}{\partial t}dt + \frac{\partial q}{\partial u}du\right)^2\right].\end{aligned}$$

Comme cette équation a lieu pour dt, du quelconques, on a

$$a^2 + b^2 + c^2 = n\left[\left(\frac{\partial p}{\partial t}\right)^2 + \left(\frac{\partial q}{\partial t}\right)^2\right],$$

$$a'^2 + b'^2 + c'^2 = n\left[\left(\frac{\partial p}{\partial u}\right)^2 + \left(\frac{\partial q}{\partial u}\right)^2\right].$$

$$aa' + bb' + cc' = n\left[\frac{\partial p}{\partial t}\frac{\partial p}{\partial u} + \frac{\partial q}{\partial t}\frac{\partial q}{\partial u}\right].$$

On a par conséquent

$$(1)\quad \left\{\begin{aligned}&(a^2 + b^2 + c^2)(a'^2 + b'^2 + c'^2) - (aa' + bb' + cc')^2 \\ &= n^2\left\{\left[\left(\frac{\partial p}{\partial t}\right)^2 + \left(\frac{\partial q}{\partial t}\right)^2\right]\left[\left(\frac{\partial p}{\partial u}\right)^2 + \left(\frac{\partial q}{\partial u}\right)^2\right] - \left[\frac{\partial p}{\partial t}\frac{\partial p}{\partial u} + \frac{\partial q}{\partial t}\frac{\partial q}{\partial u}\right]^2\right\} \\ &= n^2\left[\frac{\partial p}{\partial t}\frac{\partial q}{\partial u} - \frac{\partial q}{\partial t}\frac{\partial p}{\partial u}\right]^2.\end{aligned}\right.$$

En second lieu, des formules (article XIV),

$$\frac{bc' - cb'}{e} = \frac{ca' - ac'}{g} = \frac{ab' - ba'}{h},$$

résultent les suivantes

$$\frac{h}{\sqrt{e^2 + g^2 + h^2}} = \frac{\pm (ab' - ba')}{\sqrt{(bc' - cb')^2 + (ca' - ac')^2 + (ab' - ba')^2}}$$
$$= \frac{\pm (ab' - ba')}{\sqrt{(a^2 + b^2 + c^2)(a'^2 + b'^2 + c'^2) - (aa' + bb' + cc')^2}}.$$

D'où, en vertu de (I) on tire,

$$\frac{ab' - ba'}{h} \sqrt{e^2 + g^2 + h^2} = \pm n \left[\frac{\partial p}{\partial t} \frac{\partial q}{\partial u} - \frac{\partial p}{\partial u} \frac{\partial q}{\partial t}\right],$$

c'est à dire

$$r \sqrt{e^2 + g^2 + h^2} = \pm ns$$

c. q. f. d.

IMPRIMERIE BUSSIÈRE. — SAINT-AMAND (CHER)

SAINT-AMAND (CHER). — IMPRIMERIE BUSSIÈRE.

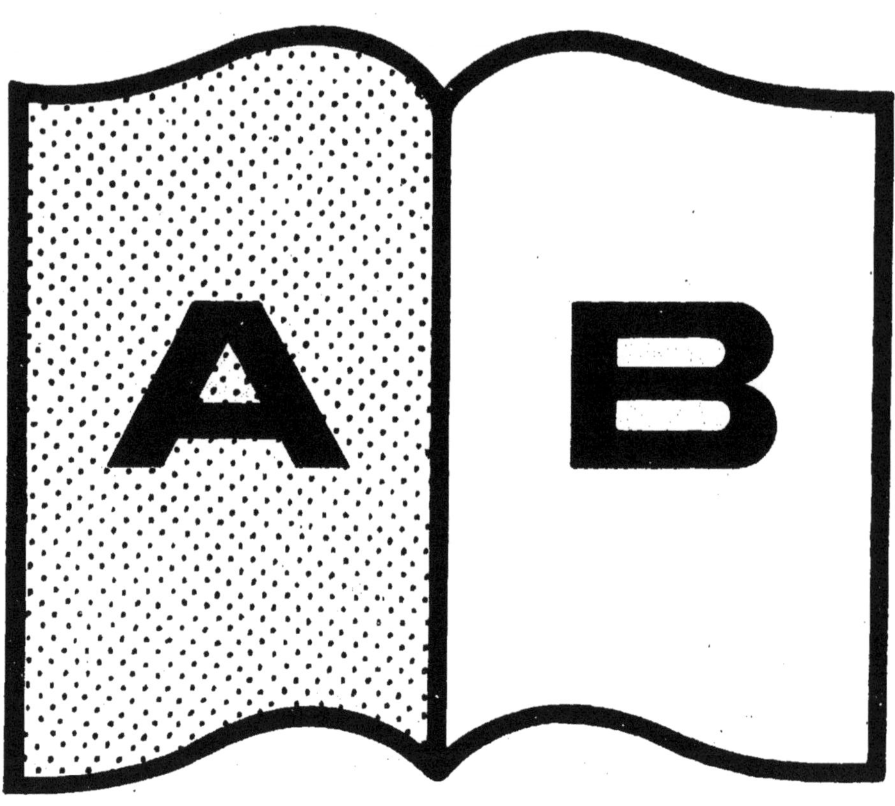
A
B

www.ingramcontent.com/pod-product-compliance
Ingram Content Group UK Ltd.
Pitfield, Milton Keynes, MK11 3LW, UK
UKHW012114240726
13965UKWH00004B/1756